JN274090

Animal Conference for Environment

動物かんきょう会議

作・演出 イアン
作 マリルゥ
絵 アンデュ

nûrue

ドイツのとある

今、この森に、世界の国々

森の中・・

から動物たちが集まってきています

Animal conference for Environment
動物かんきょう会議 日本語版

動物かんきょう会議は、1997年に京都で開催された
地球温暖化会議にあわせてWeb上ではじまりました。
本音と本音がぶつかりあう動物会議。
あなたも「人」の建前を脱ぎ捨てて「動物」になって
会議に参加してみませんか？

Vol.01

Contents

序章
06 　世界の国々から動物たちが集まってきています

第1話
19 　タヌキ 日本代表。世界各国から非難の矢　あわやピンチ！

みんな何て言っていたの？
44 　世界会議に集まった動物たち。みんなはどんなことを言っていたのでしょうか？

動物会議に参加しよう　　　http://i-debut.jp/animals

48 　ローカルコミュニケーション
　　　討論ゲームをやってみよう

50 　グローバルコミュニケーション
　　　動物会議に参加しよう　　　　　　　■ 動物会議への参加登録
　　　動物会議へ意見をだしてみよう　　　■ オピニオンページの作成
　　　発表しよう・提案しよう　　　　　　■ ジャーナルページの作成
　　　動物たちのジャーナルを読もう　　　■ ジャーナルページの利用

Web版 動物会議は、**i debut**コミュニケーションシステムで運営されています
i debut とは **nurue**Company が開発したWebコミュニケーションツールです

© 2002　nurue Inc. All rights reserved.
First published in JAPAN by nurue Inc.
MEJIRO SEQUENZA A, 3-12-32,
Shimo-ochiai, Shinjuku-ku, Tokyo, 161-0033

Written & Directed　by **Ian Tsutsui**
Written by　**Marie Loo**
Illustrated by　**Undeux**

Project Partner　HAKUSHINDO
Official Partner　HORIBA., Ltd.

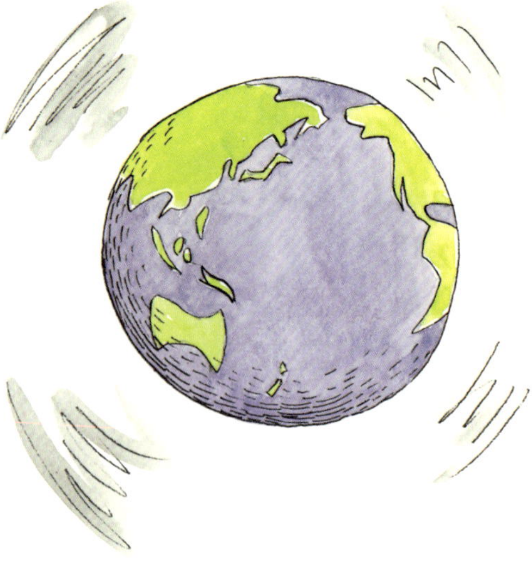

今、地球のあらゆる地域で、かんきょう破壊が大きな問題になっています。

自然に密着した生活をおくっている動物たちは、気が気ではありません。

「このままではぼくたち生きていけなくなるぞ！」
「そうだ！　なんとかしようよ！」

危機感をつのらせた動物たちの声が、日ごとに大きくなってきていました。

8 Animal conference

「もうこれ以上、人間たちにまかせておけないよ!」

ついに、ドイツのハリネズミ、ハリィは
「動物たちのかんきょう会議」をひらくことを決意し、世界の動物たちに声をかけたのでした。

そして今日、ドイツの森には、いろいろな国から動物たちがつぎつぎと到着しはじめています。

一番のりでやってきたのは、アメリカから、ワシのワッシです。
その押しの強さと声の大きさをかわれて代表になったワッシは、
スピード大好き！　まるで大統領のようにジェット機を特別に
チャーターしてかけつけました。
大量消費、使い捨て文化の国アメリカからやってきたワッシ。

会議ではなにやら問題をおこしそうな予感・・・

次に到着したのはトラのトラジーです。何か月も前にインドを出発し、小さな鍋をひとつ腰にぶらさげて、野宿をしながらドイツまで歩きとおしたのでした。長年にわたってヨガの修業をしてきたトラジーのすることはすべてがシンプル。

自然のままに生きることを実践しているトラジーの考え方はかなり個性的なのですが・・・

さあ、日本からはタヌキのタックがやってきました。
はじめて乗る飛行機にウキウキ、はじめての国際会議にドキドキのタックは、ケイタイを風呂敷包みの中にそっとさしこみました。

大きなその風呂敷包み。
いったい何がはいっているのでしょう？

ブラジルから、船と飛行機を乗りついでやってきたのはワニのワニールです。ワニールは息をゼイゼイさせていましたが、タックを目にするやいなや、ギロリと恐ろしい目つきでにらみつけたのです。

タックになにか恨みでもあるのでしょうか？
これは会議で一波乱ありそうです。

さて、ピョンピョン跳ねながらやってきたのはウサギのDr.ラビです。イギリスから、電車に乗ったままドーバー海峡をわたり、この森の近くの駅でおりたDr.ラビは、さもはるばるイギリスから跳ねてきたかのように、バタッと草むらに倒れこみました。

大切そうにDr.ラビがかかえているのはノートブックです。
いったいどうするつもりなのでしょう。

最後にやってきたのはゾウのゾウママでした。
ケニヤから船とトレーラーを乗りついできたゾウママは背中にバナナをたくさんのせています。その長い鼻でバナナをまきとっては口に運び、ドシドシと地響きをたてて近づいてくるゾウママを、動物たちはびっくりして見つめています。

「みんな、遠いところをようこそいらっしゃい。
　つかれたでしょう？　さあ、すわって、すわって」

そう言って、
動物たちをうながすのは、地元ドイツのハリィです。

今回、この「動物かんきょう会議」の司会をするハリィは、かんきょう先進国といわれているドイツの代表であることをとても誇りにしています。

今日のこの会議にむけて、いろいろとかんきょう問題の勉強をしてきたハリィ。

さあ、いよいよ会議がはじまります。

Animal conference 17

第1話

タヌキ 日本代表。世界各国から非難の矢 あわやピンチ！

「やあみんな、ようこそドイツへ!
　　今日みんなにあつまってもらったのは、ぼくたちが
　　住む地球の環境が危機的状況に瀕しておりまして・・・」

司会役のハリィが、動物たちをぐるりと見まわして
３日まえから練習し、やっと暗記した開会のあいさつをはじ
めようとしました。
ところが・・・ハリィのあいさつを聞いているものなど誰も
いなかったのです。それどころか動物たちは持参のお弁当を
ゴソゴソとひろげはじめているではありませんか。

「あ〜っ、腹ペコだぜ〜っ。
　ハンバーガーがさめないうちに
　さっそくいただくかな」

ワッシがペリッとファーストフードの袋をひきさきました。
そんなワッシの失礼な態度にびっくりしたハリィ。
「ちょ、ちょっとワシくん！
　今、会議ははじまったばかりで」
とあわてて止めようとします。

　　　しかし・・・

そのとなりで、トラジーが
「いや、腹がへっては会議はできぬ。
　わしは持参のカレーをあたためる
　とするかな」と、ナベをたき火で
ゆすっているではありませんか。

しょっぱなから無視をされてしまったハリィが、泣きそうな顔でまわりを見れば、どの動物たちもすでにランチの真っ最中。魚をムシャムシャほおばるワニール、紅茶を片手にビスケットをボリボリかじるDr.ラビ、ゾウママはバナナの房を鼻にまきつけています。これではとてもかんきょう会議をはじめるどころではありません。

ハリィはもうヤケッパチです。
「会議ができないよ〜っ！
　こうなったらぼくも食べちゃうぞ」
と、ポットいりのハーブティーと
ライ麦パンをとりだして
食べはじめました。

動物たちのそんな様子をうかがっていたタックが
「そ、それではボクも失礼して」
と、モゾモゾとりだした包みは、
折り詰めのおすしと缶入りグリーンティーです。

さて、見たこともない「おすし」に興味しんしんの動物たち。
「おーっ、こりゃ何だ？」「はじめて見たぞ！」
と、みんな、タックのお弁当をのぞきこんでいます。
「これって日本の有名なスシだよな」
ワッシがタックにウインクをしました。
「そうだよ。いただきま〜す」
タックはワリバシをとりだすと、パシッと割って、のり巻きをひと口にほおばりました。

その時です。
先ほどからこの様子をじっと見ていたワニールが、
「おい、これさあ一度使ったらどうするんだい？」
とワリバシを指さしたのです。

Animal conference

「もちろん、捨てるんだよ」
タックがこともなげに言ったとたん
「えっ、それ本当？　もったいないじゃないの！」と、
ゾウママが大きな声をあげました。

今、動物たち全員の視線がタックのワリバシにそそがれています。

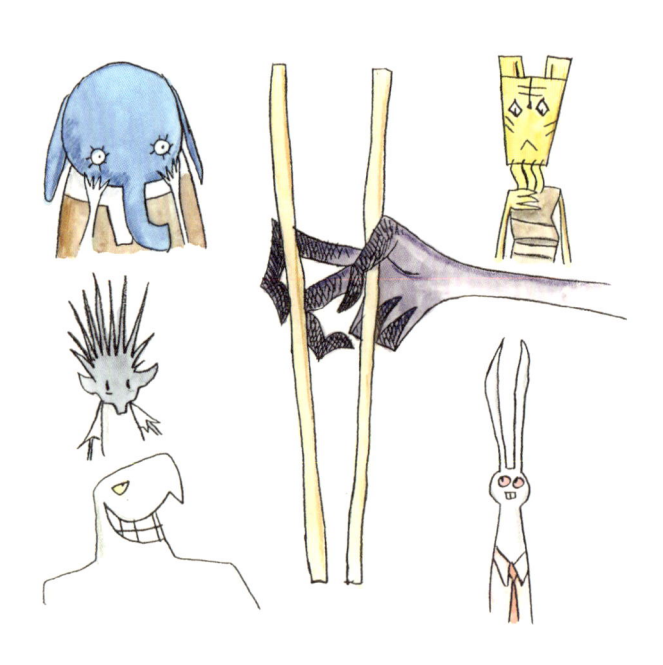

「うーむ。信じられぬ。木でつくられた道具をたった一度
　使っただけで捨ててしまうのか？」
トラジーがフゥーーとため息をつきました。
「むだづかいなことよ。われわれのインドでは指先だけで
　カレーを食べるというのに・・・」

タックは真っ赤になりました。だって「ワリバシ」がもっ
たいないなんて、たった今まで考えたこともありませんで
したから・・・
「ええと、このワリバシはお弁当とかレストランで食べる
　時にだけ使う、使い捨て用のハシで・・・
　　ふつう自分の家で食べる時にはひとつのハシを何度でも
　　使うんだけど・・・」
タックはしどろもどろです。

すると、このワリバシを見つめていたワニールがいきなりタックにつめよりました。

「でもさあ、レストランじゃこの使い捨てのハシを使うんだろ？」

「これだよこれ！　このワリバシはおいらたちブラジルのジャングルの木からできてるって知ってるのか？
　おかげでジャングルはハゲボウズだ！　おいっ、タヌキ、どうしてくれるんだよ！」

口からアワをとばし、ものすごいけんまくのワニール。そうなんです。ワニールがはじめからタックをにらんでいたのにはこんなワケがあったのでした。

「ちょっ、ちょっとまってよ。そう急につめよられても・・・」
タックは困りきって、うつむいています。
その時、「コホン」
と Dr.ラビがもったいぶった咳ばらいをしました。
「わたくしの知っているところによりますとですね。ブラジル
　のジャングルの急激な減少は、大変深刻な地球環境破壊
　の原因となっております」
「たとえばどんなふうに？」ゾウママがたずねると、
Dr.ラビは得意そうに鼻をピクピクさせて、
「ハイ。たとえば、ジャングルの木が切り倒されてしまった
　ために地球の気温はどんどん上昇してまして、そのせい
　で砂漠が増えているんですね。ハイ」と言って、
動物たちを見まわしました。

「コホン。調査によりますとですね。わたくしたちが今こうして話をしているあいだにも、１分間にサッカー場５０個分の広さのジャングルが消えていってます。ハイ」
Dr.ラビがノートブックの画面をクリックすると、大きな図があらわれました。
「ヒエーッ！！！」
あまりのひどい状況に動物たちはひっくりかえりました。
真っ先におきあがったワニールが、眼をつりあげてタックにつめよります。
「オイッ。タヌキ。どうしてくれるんだよっ！
　責任とれよっ！　おいらたちのジャングルを返せッ！」

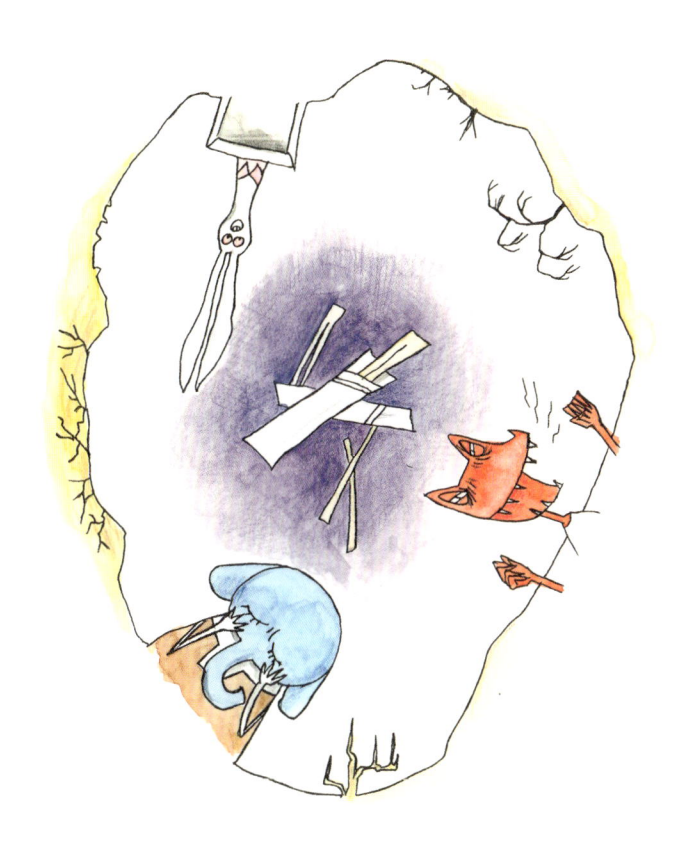

ゾウママは鼻をふりまわしながら、
「大変だわ！　ちかごろアフリカの緑がどんどん減って砂漠
　が広がっているのもワリバシのせいだったのね！」と、
声をふるわせています。
今、動物たちのひややかな視線が、タックにそそがれています。

Animal conference　31

「ちょっ、ちょっとまってよ。た、たしかに日本ではワリバシを使い捨ててるよ。そりゃ、すごい量かもしれないけど・・・で、でもアメリカだって、コーラの容器やハンバーガーの包み紙を使い捨ててるよね」
なんとかワリバシから話題をそらそうとするタック。
「この包み紙やコップって紙からできてるでしょう？
　紙って木からつくるんじゃなかったっけ？」
そう言って、ちらっとワッシの様子をうかがいました。

ところがワッシは平気のへいざです。
「そりゃそうさ。アメリカも日本も使い捨て文化の
　代表国だぜ。ハンバーガーやコーラはいまや世界中どこいったってあるじゃん。なんせ、そこらじゅうファーストフードの店があるんだからよ。文句ある？」
とコーラをズズーッと飲みほしました。

全く動じる様子のないワッシの言葉に、タックは急に元気をとりもどし、
「そっ、そうだ。そのとおり！
　世界中のみんなも紙を使ってるじゃないか！
　日本のワリバシだけのために木が切られているわけじゃないよ！」と反論しました。

ところがワニールは、
「なんだとお！ ブラジルじゃ日本のせいで森がなくなったって、
　みんな言っているぞ！
　実際、いろんな会社がやってきてどんどん木を切っている
　んだからな！」
と今にもタックをつきたおさんばかりの勢いです。

ワッシがたいくつそうにあくびをしました。
「そうガタガタさわぐなって。ジャングルが減って
　るんなら、木をどんどん植えればいいじゃんかよう」
それを聞くやいなやハリィは、からだじゅうの毛をさかだて
ました。
「ワシくんっ！　なんてのんびりしたことを言っているの！
　今、世界のジャングルは、あとから木を植えてもまにあわ
　ないほどおそろしいスピードで減っているんだよっ」

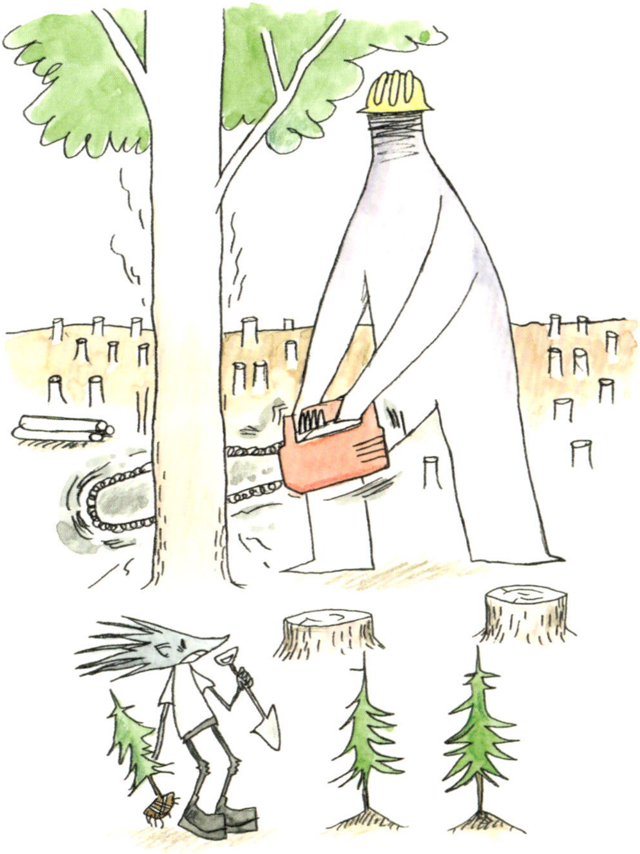

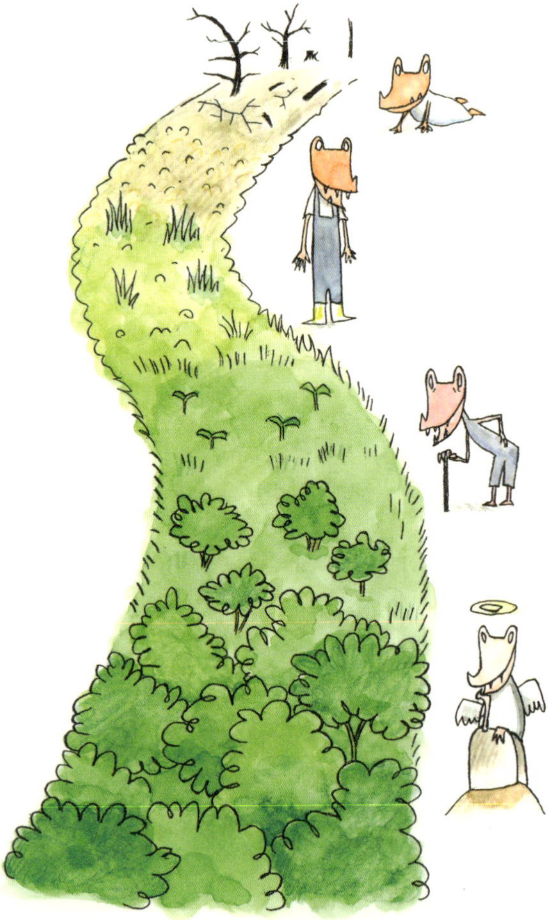

「そのとおり！　ジャングルから木がなくなったせいで、大雨のあとは大洪水がおきて家が流されちまうんだぞ！」
シッポをバタバタさせてワニールが叫びました。
Dr.ラビがすかさず続けます。
「家が流されるだけではありません。森の栄養をたくさん含んだ土砂も流されてしまうのです。もとの土にもどるまで数十年、そして新しく植えた苗木が成長するまでさらに数十年。一度破壊されてしまった自然をもとに戻すためには長い年月が必要なのです。ハイ」
これを聞いて、ワニールの怒りは頂点に達しました。
「タヌキッ、おいらたちのジャングルをどうしてくれるんだよ！」

「コホン。ミスターワニール、冷静に願います」
Dr.ラビが興奮するワニールに注意をうながしました。

いつのまにか、Dr.ラビのノートブックはインターネットにつなげてあり、みるみるグラフがあらわれてきました。
「これをごらんください」
Dr.ラビが指さしたグラフをみると、ブラジルのジャングルの木の多くが燃料として使われているようです。

「えー、日本に輸出されている木の割合は全体のごく一部のようですね。ハイ」
ゾウママが首をかしげました。
「じゃあ、ワリバシの原料ってどこからきているのかしら？」
「さ、さあ・・・」
タックは目をしょぼつかせています。
またもや、Dr.ラビが得意そうにノートブックの画面をクリックしました。
「意外なことに、ワリバシには間伐材が使われております」
「えー、日本では１年間にひとりあたり約２００膳のワリバシが使われています。これはかなりの量ですね。ふむふむ」
Dr.ラビが、みけんにシワをよせました。

「ううむ・・・」トラジーがうなっています。
「しかしだ、ワリバシというものはむだづかいだぞ」
でも、そんなこと言われても、タックはなぜ自分ばかりがせめられるのか納得できません。
「じゃあ、ボクにどうしろっていうの？
　お弁当にハシを使っちゃいけないの？
　これ日本の習慣なんだよ！」と今にも泣きそうです。

「洗って何度でも使えばいいではないか」と、トラジーが言いました。
「なんかそれってめんどくさいぜ！」
このワッシの言葉にカチンときたのはワニールです。
「めんどくさいだってえ？　えっ？」と、
今度はワッシをにらみつけています。

「ねえ。けんかはやめてよ。これは会議なんだからね」
ハリィが仲裁にはいりました。
「タヌキくんは、ワリバシを当然のこととして使っていた。
　でも、そんな使い捨ての習慣のないトラくんやゾウさんに
　すれば、それはむだづかいにしか思えない」
「ワニくんはワニくんで、ふるさとのジャングルが消えていく
　原因はすべてタヌキくんのせいだと勘違いしていたよね」
ここでタックが大きくうなずきました。
「そういう誤解があるとわかっただけでも、ここでみんなが
会議をしている意味があるんだ。ワシくんは、使い捨ての習慣
を変えるのはめんどうだって思ってるんでしょ？」

ワッシは、
「そりゃそうさ！　紙の皿やコップは、洗わなくていいし、
　軽くて便利だぜ！　やめらんないネ！」
と紙コップをクルクルまわしています。

Animal conference 41

ワッシの話にうなずいていたハリィでしたが、
「ワッシの言うこともわからないじゃないけど・・・
　ワリバシや使い捨ての紙の食器は、地球上のどこかの国の
　木からできたものなんだ！」
「Dr.ラビの言うように、ワリバシ、紙、燃料や焼き畑など
　によって破壊されたジャングルが、今、とりかえしがつか
　ないような深刻な状況を引き起こしている。
　ぼくたち動物の未来のために、これ以上森を減らすことを
　何とかくいとめなくちゃ・・・」と、
動物たちを見まわしました。

ところが・・・

「フゥアーッ〜！！　なんか眠くなってきたぜ」
とワッシが大きくアクビをしたのです。
ゾウママは眠たそうに目をしばたいています。
トラジーにいたっては、グウッグウッと寝息をたてているではありませんか。実はみんな眠くて眠くてたまらなかったのです。
ハリィは、
「みんな、旅の疲れがでてきたみたいだね。
　今日はゆっくりからだを休めてね。
　じゃあ、おやすみなさい」
そう言うと、自分も体をクリのイガのように丸くして
眠りました。

みんな何を言っていたの？

かんきょう会議に集まった動物たち。みんなはどんなことを言っていたのでしょうか？

ワリバシのせいでおいらたちブラジルのジャングルはハゲボウズだ！
木がなくなると大雨のあとは大洪水がおきて家が流されちまうんだぞ！
タヌキ、おいらたちのジャングルをどうしてくれるんだよ！

ファーストフードの店は、世界中どこいったってあるぜ。紙の皿やコップは軽いし、洗わなくていいし、便利でホントやめらんないぜ！
ジャングルが減ってるって？
それなら木をどんどん植えればいいじゃんかよ

コホン。調査によりますとですね。
1分間にサッカー場50個分の広さのジャングルが消えていってます。
そして一度破壊されてしまった自然を元に戻すためには大変な年月が必要です。
さて、意外なことにワリバシには間伐材が使われているようです。日本では1年間にひとりあたり約200膳のワリバシが使われています。
これはかなりの量ですね。ハイ

世界のジャングルは、あとから木を植えてもまにあわないほどおそろしいスピードで減っているんだよ！
ワリバシや使い捨ての紙の食器は、地球上のどこかの国の木からできたものなんだ。
みんなにそれぞれ誤解があるとわかっただけでも、ここで会議をしている意味があるよね

アメリカだってコーラの容器やハンバーガーの包み紙を使い捨ててるよね。
世界中のみんなも紙を使ってるんだし、日本のワリバシだけのために木が切られているわけじゃないよ！
弁当にハシを使っちゃいけないの？
これ日本の習慣なんだよ！

ワリバシって一度使ったら捨ててしまうの？
もったいないじゃないの！
ちかごろアフリカの緑がどんどん減って砂漠が増えてきているのもワリバシのせいだったのね！

うーむ。信じられぬ。木でつくられた道具を一度使っただけで捨ててしまうのか？
むだづかいなことよ。われわれのインドでは指先だけでカレーを食べるというのに・・・
洗って何度でも使えばいいではないか

さて、動物たちが言っていることは正しいのでしょうか？
なかにはおかしいものもあるみたいですよ・・・

Animal conference 45

動物会議に参加しよう

■ ローカルコミュニケーション ■
討論ゲームをやってみよう
ディベートゲーム

■ グローバルコミュニケーション ■
Web版動物会議に参加してみよう

動物会議トップ
http://i-debut.jp/animals

参加登録ページ
http://i-debut.jp/animals/entry

オピニオンページ
http://i-debut.jp/animals/opinion

ジャーナルページ
http://i-debut.jp/animals/journal

Local Communication Debate Game
ローカルコミュニケーション ❶

討論ゲームをやってみよう

step 1
■テーマを決めます

まず、何について「討論」するか、「テーマ」を決めます

今回のテーマ

step 2
■賛成派、反対派のチーム

テーマが決まったら、何の動物になるかをクジなどで決めます

「ワリバシは反対」チーム　　　　　「ワリバシは賛成」チーム

チーム以外の人は審判になります

step 3
■討論への準備をする

2つのチームは、それぞれの動物の立場になって、調べたり話し合ったりして、どんな「主張」にするのかを決めましょう

パソコンで調べる　　まわりの人に聞く　　本で調べる

チームの仲間と相談する　　専門の人に聞いてみる

step 4
■テーマについて討論開始

いよいよ討論をはじめます
先攻チームは「テーマ」について、自分たちの主張を言います
後攻チームは、その主張に対して反対の意見を言います

1回戦主張例　トラチーム「捨てるものを作るなんておかしいのでやめるべきだ」
　　　　　　タヌキチーム「間伐材の再利用法なので、つくるべきだ」

先攻チームは、さらにその主張に対して反対の意見を言います

2回戦主張例　トラチーム「間伐材と言っているが、本当は何の木だかわからない」
　　　　　　タヌキチーム「ワリバシは日本の文化。いまさらやめられない」

それぞれの主張と反対を3回くり返して、討論を終了します

step 5
■説得力のあるチームが勝ち

討論が終わったら、審判はどちらの主張の方が説得力があって
よかったかを決めます

多数決で票の多い方のチームが「説得力があった主張」となります

Global Communication http://i-debut.jp/animals
グローバルコミュニケーション ❶

動物会議に参加しよう   entry

step 1
■ 会議への参加準備

参加登録に必要なIDナンバーと仮パスワードが記載されているこの本巻末の「絵ハガキ」を用意してください

http://i-debut.jp/animals/entry

step 2
■ Web版動物会議へアクセス

インターネットでWeb版動物会議のHomePageにアクセスしてください。参加登録ページであなたのIDナンバーと仮パスワードを入力したら「次ページ」をクリックしてください

step 3
■ 登録カードを記入

まず動物のアイコンとその動物名を決めて下さい。「次ページ」でこんどは自分の住所、氏名、e.mailアドレスを入力してください

記入例：動物アイコン「タヌキ」　動物名「タック」

step 4
■ 登録カードの確認と送信

登録カードを記入後「次ページ」をクリックすると確認画面がでます。よく確認してから「登録」をクリックしてください。「登録受付」の画面が表示されます

step 5
■ 参加パスワードが決定

動物会議で発言するさいに必要な「参加パスワード」があなたのe.mailアドレス宛へ送られます。大切に保管してくださいね。これで動物会議への参加登録は完了しました

Global Communication http://i-debut.jp/animals
グローバルコミュニケーション ❷

動物会議へ意見をだしてみよう　　opinion

step 1
■ オピニオンへアクセス

自分の意見を言ってみたいと思ったら・・・
動物会議のオピニオンへアクセスしよう

http://i-debut.jp/animals/opinion

step 2
■「発言します」をクリック

意見を書き込みできるところには「発言します」ボタンがあるので、クリックしてください

step 3
■ 発言カードを作成

発言カードの「作成シート」が出てきます。あなたの「動物名＆パスワード」を記入後意見を記入します。そして「登録」ボタンをクリックすると、発言カードが作成されます

※操作がわからないときはHELPボタンをクリックしてね

step 4
■ 発言カードを公開

あなたの意見に、他の動物たちから意見が来るかもしれません。
いろいろな動物と意見を交わしてみましょう。

Animal conference

Global Communication http://i-debut.jp/animals
グローバルコミュニケーション ❸

発表しよう、提案しよう　　　　　　　　　　　　journal
ジャーナルは、あなた自身が記者となり、記事を発表するページです

step 1
■ ジャーナルへアクセス

自分のレポートなどを公開したいと思ったら・・・

動物会議ジャーナルへアクセスして、「ジャーナルページ作成」のボタンをクリックしてください

http://i-debut.jp/animals/journal

step 2
■ ジャーナルシートを作成

ジャーナルの「作成シート」がでてきます。あなたの「動物名＆パスワード」を記入後、ジャーナルのタイトル、リード、本文などを入力します。また、写真などがあったら添付し「送信」ボタンをクリックします。確認画面がでますので原稿を確認後「登録」ボタンをクリックすると、ジャーナルページが作成されます

※操作がわからないときはHELPボタンをクリックしてね

step 3
■ わたしのジャーナルを公開

さきほど記入した内容が、ジャーナルのページとして公開されます。ページの左上には、作成した人の動物アイコンが表示されます

※参加登録していないとページを作成することはできません

動物たちのジャーナルを読もう　　　　　　　　　　　**journal**

動物会議ジャーナルは、誰でも見ることができます

step 1
■ジャーナルへアクセス

自分ひとりで読むのもいいし、友達をさそって、いろいろなジャーナルを読むのも楽しいよ

http://i-debut.jp/animals/journal

step 2
■ジャーナルを読む

ローカルコミュニケーションの議論とは違った面白い意見を目にすることもあるかもしれませんよ

Animal conference　53

動物かんきょう会議　日本語版　Vol.01
Animal conference for Environment

目白池袋版限定発行　2003年1月23日
全国版第2刷発行　2004年8月15日

作・演出　イアン
作　マリルゥ
絵　アンデュ

アートディレクション　筒井一郎
編集　筒井公子
デザイン　安藤孝之、武藤将也

発行者　筒井一郎
発行元　株式会社 ヌールエ
〒161-0033　東京都新宿区下落合3-12-32　目白セクエンツァA
TEL 03-3565-5581　FAX 03-3565-5582
http://nurue.com　e.mail info@nurue.com

発売元　株式会社 太郎次郎社
〒113-0033　東京都文京区本郷4-3-4　明治安田生命本郷ビル3F
TEL 03-3815-0605　FAX 03-3815-0698
http://www.tarojiro.co.jp/　e.mail tarojiro@tarojiro.co.jp

印刷・製本　株式会社 博進堂
〒950-0807　新潟県新潟市木工新町378-2
TEL 025-271-2679　FAX 025-271-2681
http://www.hakushindo-com.co.jp　e.mail info@hakushindo-com.co.jp

オフィシャルパートナー　株式会社 堀場製作所
http://www.horiba.co.jp　e.mail info@horiba.co.jp

動物会議プロジェクトチーム　ヌールエ
　　　　　　　　　　　　　　博進堂
　　　　　　　　　　　　　　太郎次郎社エディタス

落丁本、乱丁本はお取り替えいたします。
本書の全部または一部を無断で転載、複製することを禁じます。定価はカバーに表示してあります。
All rights reserved. Reproduction in whole or in part without written permission is strictly prohibited.
ⓒ 2004 nurue, Printed in Japan

Web版 動物会議　with i debut
Animal conference for Environment
http://i-debut.jp/animals

企画＆アートディレクション　筒井一郎
i-debutプログラム　伊藤仁、友野浩明
デザイン＆イラスト　安藤孝之
Webデザイン　武藤将也、今村佳代
開発・運営　ヌールエ

地球をもっと見てみよう

HORIBA

堀場製作所は、地球を計測するさまざまな分析機器で世界をリードしているグローバルカンパニーです。
1997年、京都で開催された地球温暖化会議にあわせてWeb上ではじまった「動物かんきょう会議」を後援しています。
http://www.horiba.co.jp

動物会議新聞スタート！

ハリィ編集第1号

ワッシ編集第2号

http://i-debut.jp/animals/shinbun/

Web版動物会議に集まった意見を、ハリィ達が編集して新聞にしていきます。
毎月発行。お楽しみに！